사슴영양
왜가리
뿔닭
얼룩영양
개코원숭이
커크작은영양
아프리카맷돼지
타조
얼룩말

시몬과 이네스에게

요안나 제자크

폴란드 바르샤바미술원 건축학과를 졸업한 뒤, 파리에 살면서
그래픽 디자이너이자 일러스트레이터로 활동하고 있어요.
출간된 작품으로는 『어린이를 위한 훌륭한 실험』『요셉은 마을에 산다』『카직은 도시에 산다』
『다 함께 - 사회생활을 하는 동물들』『개척자』『1001마리 개미』 등이 있어요.
2014년 볼로냐 라가치상 오페라 프리마 부문을 수상했어요.

로빈의 그림책장

목이 말라요!

1판 1쇄 발행 2025년 01월 25일
1판 2쇄 발행 2025년 10월 25일

글·그림 요안나 제자크
편집 전연휘, 임은경 **디자인** 호롱불 스튜디오 **홍보·마케팅** 양경희, 노혜이 **펴낸이** 전연휘 **펴낸곳** 안녕로빈
출판등록 2018년 3월 20일(제 2018-000022호) **주소** 서울특별시 광진구 아차산로 69길 29
전화 02 458 7307 **팩스** 02 6442 7347 **홈페이지** www.hellorobin.co.kr **메일** robinbooks@naver.com
인스타그램 @hellorobin_books **블로그** blog.naver.com/robinbooks

ISBN 979-11-91942-31-6

안녕로빈 인스타그램 | 안녕로빈 블로그 | 안녕로빈 한 학기 한 권 읽기

목이 말라요!

글·그림 요안나 제자크

안녕로빈

아프리카의 사바나에서 하마들이 목욕을 하고 있어요.
태양이 막 떠올랐고, 아직 뜨겁지는 않아요.
늘 그렇듯 악어들은 먹이가 나타나길 기다리며
주위를 살피고 있어요.

기온이 점점 올라가면서
물이 마르기 시작해요.

하마의 등이 점점 드러나요.
하마의 등은 초록색 조류로 덮여 있어요.
그것을 먹고사는 소등딱새는 잔치를 벌이고,
하마는 목욕 서비스를 받아요!

연못이 점점 작아지고 있어요.
연못이 비좁아진 게 싫어서
하마들은 심술을 부려요.
어떤 하마는 연못을 떠나지요.
친구들과 자꾸 다투는 게 싫어서예요.

- 후루룩, 후루룩
- 여기 너무 비좁아!

쿵, 쿵! 누구의 발소리인가요?
물웅덩이로 다가오는
목마른 코끼리들의 발소리예요.
코끼리는 기억력이 좋아요.
가장 나이 많은 할머리 코끼리가
물웅덩이 위치를 기억했다가
무리를 이끌고 오지요.

후유, 드디어 코끼리들이 떠났어요.

코끼리들이 너무 많은 물을 마셔서 물웅덩이가 줄었어요!
이제 물가에는 암컷 얼룩말 무리가 자리를 차지했지요. 얼룩말들은 물을 먼저 마시려고 서두르지 않아요.
모두 사이좋게 지내고, 때로는 서로 몸 단장도 해주지요.
보이나요? 물웅덩이 건너편에서 수컷 얼룩말이 암컷들을 지켜보고 있어요.

- 잠깐!
나한테도 자리를 줘!
나도 목말라!

두 마리의 커다란 새가 날아왔어요.
뱀잡이수리는 긴 다리로 땅을 치며
작은 도마뱀과 뱀을 사냥해요.
낚시를 잘하는 왜가리는 물 속 먹잇감을 지켜보다가,
슝! 긴 부리를 번개처럼 빠르게 움직여서
물고기를 낚아채요.

그런데 저 멋진 뿔을 가진 동물들은 누구지요?
얼룩영양! 얼룩영양은 마음먹으면
3미터 높이까지 뛰어오를 수 있어요!

아프리카멧돼지들이 줄지어 달려와요.

겉보기엔 순해 보이지만, 엄니는 아주 날카로워요!

정오가 되자 태양이 머리 꼭대기에서 뜨겁게 내리쬐고 있어요.
이제 물웅덩이 주변으로 더 많은 동물들이 모여요.
오릭스영양, 붉은영양, 임팔라, 뿔닭, 기린들…….
세 마리의 커크작은영양도 물 마시는 무리에 함께할 거예요. 커크작은영양은 작은 개 정도의 크기지만, 만만한 동물은 아니에요.
공격자를 마주했을 때 잠자코 가만히 있다가 마지막 순간에 아주 빠르게 달아나거든요.
모두 도망쳐!

기린은 잠자코
바라만보아요.
기린은 아주
가끔씩만 말을
하지요.

- 기린 씨,
위에서 내려다보는
기분이 어때요?

태양이 서쪽으로 서서히 기울어요.
오후가 지날수록 그림자들이 길어져요.
갑자기 개코원숭이들이 뛰어오더니 영양들을 쫓아 버려요.

기린은 긴 다리를 벌리고 물을 마셔요.
때로는 무릎을 꿇기도 하지요.
조심해, 아기 기린아! 악어가 지켜보고 있어.
표범이 다가오고 있어.

- 걸음아 나 살려라!

표범과 사자가 물웅덩이로 다가오자, 모두 달아나기 시작해요!
적어도 표범과 사자는 물 마실 자리가 비좁지 않겠어요!

- 빨리, 빨리! 달아나자!

- 기다려, 같이 가!

- 모두 피해요!

하루가 저물고 있어요. 흰코뿔소가 조용히 다가와 남은 물을 마시고 있어요.
이 코뿔소는 멸종 위기에 놓인 마지막 코뿔소 중 하나예요.
코뿔소들은 귀한 뿔 때문에 사냥당하고 있거든요.

저런, 불쌍한 타조!
다시 돌아왔는데, 물이 한 방울도
남아 있지 않아요!

사바나에 새로운 하루가 밝았어요.
후유, 다행이에요! 코끼리가 코와 엄니를 이용해
말라 버린 강바닥을 파서 물줄기를 찾았어요.

이제 동물들이 다시 와서 물을 마실 수 있어요.

물 부족에 대처하는 생활의 지혜

지구의 물은 우리가 살아가기 위해 꼭 필요합니다. 하지만 지구의 많은 땅이 점점 사막으로 변하고 있어요. 가뭄이 점점 더 자주, 더 심각하게 발생하고 있어요.
2023년에는 32일 동안 프랑스에 비가 오지 않았어요. 비가 오지 않은 가장 긴 기간으로 기록되었지요. 전 세계적으로 강이 말라 가고, 동물은 물론 인간도 물 부족에 시달리고 있습니다. 어떤 어린이들은 충분히 마실 물을 얻지 못해요. 지구상에 사는 사람 세 명 중 한 명은 깨끗한 마실 물을 얻을 수 없어요.

지금까지 물 부족 문제는 주로 건조한 지역에 위치한 국가들에게 영향을 미쳤습니다.
그러나 지금 물 부족은 전 세계적인 문제가 되었어요. 물이 부족한 상황에 놓인 사람들이 점점 더 많아질 것입니다. 이는 매우 위험하고 걱정스러운 상황이죠. 더 이상 물을 낭비해서는 안됩니다! 2022년 기준 우리나라 일인당 하루평균 물 사용량은 280리터로 세계 일인당 하루평균 물 사용량보다 2배가 넘습니다.
물 소비를 줄일 수 있는 방법에는 무엇이 있을까요?

우리는 일상에서 물 절약을 실천할 수 있습니다.

목욕 대신 샤워를 하면 물을 훨씬 더 적게 (최대 4배까지!) 사용할 수 있습니다.

샤워 도중 비누를 쓸 때는 물을 잠그고 비누칠을 마친 뒤에 물을 틀어 헹궈요.

이를 닦을 때는 수도꼭지 잠그는 것을
잊지 말아요.

빗물과 채소 삶은 물은 버리지 않고 모아서
식물에 물을 줘요!

너무 오랫동안 샤워하지 않아요.
짧은 노래 하나를 찾아서
씻는 동안 불러 보는 건 어때요?

얼굴을 씻을 때는 수돗물을 잠그고
물을 받아서 세수해요.

식물에 물을 주는 시간은 저녁이 좋아요.
수분이 날아가지 않고 충분히 땅 속에 스며들도록 하기 위해서죠.